HENRY GAILLARD

LE GIBIER, LA PROPRIÉTÉ
LE BRACONNAGE

« ... Les idées marchent, Messieurs, il faut marcher avec elles. »
(S. E. M. Baroche, Ministre de la Justice. Corps législatif, séance du 2 mai 1867.)

Prix : 60 Centimes

PARIS
LIBRAIRIE CENTRALE
9, Rue Christine, 9
et chez CALVET, 11, Rue Notre-Dame-des-Victoires. 11.
1868

LE GIBIER, LA PROPRIÉTÉ

LE BRACONNAGE

PARIS. — IMP. TURFIN ET AD. JUVET, 9, COUR DES MIRACLES.

HENRY GAILLARD

LE GIBIER, LA PROPRIÉTÉ
LE BRACONNAGE

« ... Les idées marchent, Messieurs, il faut marcher avec elles. »
(S. E. M. Baroche, Ministre de la justice. Corps législatif, séance du 2 mai 1867.)

PARIS
LIBRAIRIE CENTRALE
9, RUE CHRISTINE, 9
et chez CALVET, 11, Rue Notre-Dame-des-Victoires. 11.
1868

AUX LECTEURS

C'est bien à tort, selon nous, que, pour beaucoup de personnes, toutes les questions que soulève l'exercice du droit de chasse, ne semblent avoir qu'une importance très-secondaire; ces questions ne se rattachent-elles pas, en effet, aux plus graves intérêts, puisque leur solution touche aux droits de la propriété, à la morale publique, et, enfin, aux exigences toujours croissantes de l'alimentation du pays.

En nous risquant à aborder, avec quelques développements, un sujet aussi sérieux, nous ne nous sommes dissimulé ni les diffficultés, ni notre insuffisance.

Notre seule intention est donc d'offrir aux hommes plus compétents que nous, afin qu'ils en tirent parti, si faire se peut, le modeste tribut de notre expérience.

Cette expérience, nous la devons à un long

exercice du droit de chasse, à plus de vingt années passées à la campagne, sans cesse en rapport avec ceux qui l'habitent.

Voilà pour la pratique :

Plus tard, attaché pendant près de cinq ans à la direction du *Journal des Chasseurs*, il nous a enfin été permis d'asseoir, sur une sérieuse observation théorique, les idées qu'avaient fait surgir dans notre esprit les faits accomplis sous nos yeux.

HENRY GAILLARD.

LE GIBIER, LA PROPRIÉTÉ, LE BRACONNAGE

« ..... Les idées marchent, messieurs, il faut marcher avec elles. »

(S. E. Mᵉ Baroche, ministre de la Justice. Corps législatif, séance du 2 mai 1867.)

La loi du 4 mai 1844, réglementant l'exercice du droit de chasse, est depuis longtemps le but d'attaques qui puisent leurs raisons d'être à des sources différentes.

Les uns l'accusent de protéger d'une manière trop peu efficace les droits qu'elle consacre, et joignant leur action privée à son action légale, s'organisent en sociétés qui ont pour but de suppléer à l'insuffisance des moyens dont la loi dispose.

D'autres, partant d'un point de vue différent, demandent sa réforme, parce que, d'après eux, elle méconnaît et confond des droits que l'équité ne permet pas de placer sur la même ligne.

Parmi les premiers, se rangent les chasseurs proprement dits; les propriétaires du sol constituent en grande partie la seconde classe des adversaires de la loi.

Ici, on va tout de suite nous arrêter et nous dire que nous faisons une distinction qui n'existe pas, puisque presque tous nos veneurs en renom sont en même temps possesseurs de vastes propriétés territoriales, ce qui doit donner à leurs voix d'autant plus de crédit qu'ils réclament à la fois, et comme chasseurs, et comme détenteurs du sol.

Nous répondrons à l'objection : qu'en dehors de ces privilégiés de la fortune, qui constituent dans notre ordre social une classe peu nombreuse tendant même à s'amoindrir, existe la masse des petits propriétaires; c'est surtout de ceux-là dont nous avons voulu parler.

Quoi qu'il en soit, presque tous sont mécontents et se plaignent; voilà le fait indéniable que ne sauraient masquer les efforts des rares apologistes de la législation de 1844.

De ces plaintes doit nécessairement ressortir l'urgence d'une réforme; mais reste cette difficulté : dans quel sens devra-t-on l'opérer?

Faudra-t-il écouter les sociétés contre le braconnage et essayer, par une incessante vigilance, suivie d'une répression impitoyable, de faire disparaître le fléau? tout en laissant subsister les dispositions législatives auxquelles elles prêtent leur appui, ou au lieu de maintenir l'édifice en l'étayant par une application rigoureuse des peines, tentera-t-on d'en élever un autre qui abriterait mieux les intérêts en souffrance?

Ici surgit le désaccord, car si on s'entend pour crier contre ce qui est, en général on diffère beaucoup sur ce qui devrait être.

Contre le braconnage, l'ennemi commun, on préconise les remèdes les plus simples en apparence, mais pour la plupart d'une application difficile, sinon impossible.

C'est ainsi qu'on nous dit : Embrigadez les gardes-champêtres ; augmentez les brigades de gendarmerie, le prix de la poudre de chasse ; mettez un impôt sur les fusils, etc., etc... Eh bien! messieurs les chasseurs, car c'est vous qui parlez de la sorte, notre avis est qu'en dépit de tous ces moyens pris ensemble ou séparément, vous n'arriverez jamais à la destruction *du braconnage intéressé,* et que vous ne ferez qu'accroître les ravages autrement fâcheux de celui que nous nommons *le braconnage systématique;* remarquez-le bien, en effet, ces tendeurs de collets, ces *panneauteurs* qui dévalisent vos garennes, vos champs, portent atteinte à vos plaisirs, à vos droits de propriétaire, ce qui est autrement grave ; mais ils livrent à la consommation publique, qui en tire profit, le produit de leurs rapines ; ils alimentent de gibier nos marchés, nos restaurants, nos hôtels, voire même certaines tables privées des plus respectables ; celui-là est le braconnage intéressé. Mais, le véritable fléau est celui qui détruit uniquement pour détruire, qui puise sa raison d'être dans la jalousie, et un peu aussi dans l'intérêt froissé.

Tenez, suivez aux champs cette femme qui va sarcler ses blés : quand elle a trouvé un nid de perdrix, son premier soin est d'en casser un œuf pour s'assurer du degré d'incubation ; est-il frais? les autres, soigneusement ramassés, seront le soir servis en omelette à la famille ; dans le cas contraire, s'il n'est pas possible de les utiliser, ah! ma foi, tant pis pour la couvée, ces messieurs de la ville n'en profiteront toujours pas plus

*

tard, et un coup de pied détruit une compagnie de perdreaux tout entière.

Organisez donc maintenant un service de surveillance contre de semblables méfaits ; ayez un garde-champêtre embrigadé, un gendarme détaché derrière chaque femme ou enfant qui ramasse de l'herbe ou sarcle ses blés, pour protéger le perdreau dans sa coquille ou le levraut né depuis trois ou quatre jours. . . . . . .

Vous citez là, nous diront certaines personnes ignorantes des mœurs de nos paysans, des faits exceptionnels : Erreur! pendant plus de vingt années nous avons habité la campagne, et, sous l'empire de la législation de 1844, nous avons vu ce mauvais esprit d'antagonisme entre les cultivateurs et les porteurs de permis de chasse grandir en produisant les funestes résultats que nous signalons. Si on songe maintenant que les mêmes détestables idées animent des millions d'individus et les portent à détruire pour enlever à d'autres la jouissance, on se dira comme nous : Que *le braconnage intéressé*, qui vend pour en tirer parti le gibier de nos champs, de nos bois, est bien moins nuisible à la chose publique que *le braconnage systématique*, anéantissant de précieuses ressources en haine de ceux à qui elles étaient destinées.

Dans presque toutes nos campagnes, le chasseur inconnu est un ennemi ; si le paysan se résigne à souffrir sur son fonds le passage du propriétaire voisin, ce sera seulement à la condition que celui-ci usera à son égard d'une tolérance absolue.

Le plus sûr moyen qu'ait donc le paysan de mettre ses terres à l'abri des explorations de ceux qu'il ne veut pas y voir, c'est d'en faire disparaître lièvres et perdrix, ce qui sera bientôt un fait accompli, si les choses durent. On ne saurait, en effet, prendre au sérieux cette assertion, que le gibier est aujourd'hui généralement plus commun qu'il y a vingt, trente, trente-cinq ans.

Pourquoi cette hostilité du paysan contre le chasseur? Elle résulte, il faut bien le reconnaître, de raisons très-plausibles; c'est que pour un chasseur honnête, consciencieux, il en est malheureusement qui ne respectent rien et s'imaginent que le permis de chasse leur confère le droit d'agir partout comme en pays conquis.

S'ils ne passent dans les vignes, il est vrai, qu'après l'enlèvement de la récolte, ils y froissent les ceps, cassent les sarments de taille, et pour s'éviter la peine d'enjamber les sillons ensemencés, ne manquent jamais de les écraser en mettant les pieds-dessus; encore ceux-là ne péchent-ils souvent que par ignorance. Mais que dire de cette foule de braconniers patentés que versent en si grand nombre dans nos champs les faubourgs des villes? La plupart ouvriers sans ouvrage, marchands sans marchandise, ne laissant que la misère au logis, et qui une fois leur vingt-cinq francs donnés et leur permis en poche, sont certains de ne jamais rentrer le carnier vide, puisque tout leur est bon pour le remplir, depuis les fruits des arbres épars dans la campagne jusqu'aux poules, aux canards trouvés un peu à l'écart du village.

En vérité, après avoir vu quelqu'un de ces messieurs à l'œuvre, nous nous sommes souvent demandé si nos campagnards avaient tort en cherchant à éloigner les visiteurs.

Pourtant d'autres raisons tout aussi influentes les engagent à détruire les hôtes de leurs champs ; celles-là sont la conséquence de la loi qui consacre le privilége de l'argent à une époque où le suffrage universel enfante les idées les plus démocratiques, et quoique nos cultivateurs soient plus hommes d'action que de raisonnement, l'un d'eux nous mit un jour dans l'impossibilité de lui répondre à ce sujet :

— « Comprenez donc, nous disait-il, combien c'est injuste de vouloir, par exemple, me faire payer vingt-cinq francs pour un permis de chasse !

» Vous, vous avez tout votre temps pour vous promener avec vos chiens, un bon fusil ; de plus, vous avez une grande propriété à parcourir tant que la chasse sera ouverte.

» Moi, je ne possède que quatre à cinq hectares dont la culture absorbe tous mes moments ; je n'ai pas de chiens, mon fusil est une vieille patraque qui rate une fois sur deux ; peut-être m'en servirai-je trois ou quatre jours cet hiver, si la gelée amène des canards à la rivière et que le froid empêche de travailler ; mais pour cela il faudra que je donne autant d'argent que vous qui chasserez tous les jours ? Allons donc ! Tenez, pour que ce soit juste, il me faudrait à moi un permis de quarante sous ; mais à vingt-cinq francs le vôtre et à vingt-cinq francs le mien, de deux choses l'une : ou l'un est trop bon marché, ou l'autre est trop cher. »

Qu'auriez-vous répondu à cela ? Comme je le fis, sans doute, en défendant le droit fixe vu la difficulté d'en établir un proportionnel, mais néanmoins sans méconnaître toute la logique du raisonnement (1).

Si, au lieu d'avoir entrepris ce petit travail pour développer certaines idées trop sommairement exposées dans quelques articles de journaux, nous ne voulions que nous livrer à un examen critique de la loi de 1844, il nous serait facile de réunir en faisceau les récriminations qu'elle soulève, et de les appuyer par des exemples qui prouveraient combien elles sont fondées; mais telle n'est pas notre intention; bien plus, nous dirons : que si l'espoir des législateurs a été déçu, si le bien qu'ils attendaient ne s'est pas produit, la faute ne saurait en être imputée aux diverses dispositions de leur œuvre élaborée avec sagesse, coordonnée avec un soin extrême, une prévoyance qu'il est impossible de méconnaître, et quand nous constatons les tristes résultats obtenus, nous ne pouvons accuser que la malheureuse tentative faite pour asseoir la loi sur la fusion de deux principes qui s'excluent impitoyablement; le premier proclamant le droit de chasse *attribut* de la propriété; le second maintenant le gibier *res communes*, *res nullius* appartenant au premier occupant.

Voilà pour nous la véritable cause de l'impuissance de la loi et la source du désordre auquel il lui sera im-

(1) Malgré ce que nous venons d'écrire, si l'exercice du droit de chasse est destiné à rester longtemps encore soumis à des mesures fiscales restrictives, nous tenterons de prouver qu'il serait pratiquement possible de rendre ces mêmes mesures plus équitables en leur enlevant le caractère absolu.

**

possible de remédier tant qu'elle n'aura pas renié sa faute originelle.

*
* *

Le 25 décembre 1865, nous écrivions ce qui suit dans le *Journal des Chasseurs :*

« La loi de 1844 sur la chasse a-t-elle tenu ce qu'elle promettait ? A-t-elle protégé efficacement les intérêts de la propriété agricole et préservé le gibier de la destruction prochaine dont il était menacé ? En supprimant le braconnage a-t-elle enfin fait disparaître des habitudes de désordre et d'oisiveté qui conduisaient trop souvent au crime ? (1)

(1) Le 15 août dernier, le garde Dissous de la forêt de Villefermoi est assassiné par un braconnier.

Le 4 septembre dernier, le gendarme Thomas et le nommé Parise garde particulier de M. Camus, maire de Grosrouvres, sont assassinés par des braconniers.

Enfin, le même jour le sieur Fourrez, garde au service de M. le baron Du Sart, tombait mortellement atteint par le plomb d'un braconnier à Béclers près de Tournai.

Quatre assassinats causés par le braconnage en moins d'un mois ! ! !

Pense-t-on qu'il soit temps d'aviser... ?

« Non : puisque les agriculteurs et les chasseurs font entendre des plaintes incessantes, et que les Cours d'assises viennent encore trop souvent nous exhiber des malfaiteurs qui ont commencé par le braconnage et fini par l'assassinat. Non, puisque sur plusieurs points de la France s'organisent des sociétés pour protéger des intérêts que la loi n'a pas su prévoir ou ne peut pas défendre.

« Or, que la loi ait péché par imprévoyance ou qu'elle pêche par impuissance, elle n'en est pas moins une loi qui n'atteint pas le but et qu'une autre doit promptement remplacer.

« La loi qui soulève depuis longtemps les récriminations se proposait trois choses. Elle voulait à la fois satisfaire les propriétaires du sol, les chasseurs et les consommateurs du gibier. Pour cela, elle a établi sur la même ligne des droits que l'équité doit subordonner les uns aux autres, selon leur importance. De ce point de départ vicieux sont sortis, en dépit des bonnes intentions des législateurs, des obstacles invincibles, des résistences ouvertes et occultes et, par suite, le besoin d'une réforme.

« Maintenant, asseoir une nouvelle réglementation sur les mêmes idées serait, selon nous, se ménager de nouvelles déceptions, conséquences infaillibles d'un principe méconnu ; mais poser ce principe, résultat d'un droit primordial, comme souffle vital des dispositions législatives futures, voilà qui serait à notre avis mettre l'ordre à la place de la confusion et simplifier la législation à venir, tout en assurant son efficacité.

« Où naît, où croît, où se multiplie le gibier? sur le sol. Eh bien! pourquoi ne pas le proclamer simplement produit du sol et, comme tel, appartenant toujours au propriétaire du terrain sur lequel il se trouve ?

« Cette idée, admise en principe, nous demanderons alors pourquoi astreindre à des formalités gênantes et dispendieuses le propriétaire qui voudra jouir de ce nouvel élément de revenu de sa propriété ?

« Intervenez-vous directement afin de rendre plus abondantes les récoltes des prés, des champs, des vignes, des bois? Non, l'intérêt privé vous dispense de ce soin; Pourquoi n'en serait-il pas de même pour la culture du gibier ?

« Que le petit propriétaire campagnard sache qu'il peut compter sur un chiffre moyen de cent ou deux cents francs provenant de la vente du gibier tué par lui sur ses terres dans le cours de l'année, et vous le verrez bientôt prendre souci de cette nouvelle source de revenus, à ce point qu'il s'efforcera de la faire couler assez abondamment pour qu'elle ait une heureuse influence sur la richesse publique.

« Dès-lors, plus de braconniers à craindre, le vol du gibier surveillé par des millions d'intéressés à sa multiplication, parce qu'ils en tireront profit, sera promptement dénoncé comme le vol des gerbes ou des paniers de raisins.

» Pour nous, toute la question est là : Faites que le braconnier, en exerçant sa coupable industrie, soit reconnu l'ennemi de la fortune privée du propriétaire dont il aura foulé le terrain, et vous verrez bien vite se lever contre lui les intérêts froissés.

» Ce ne sera plus, comme aujourd'hui, pour presque tous ceux dont il dépouille les champs, un pauvre diable qui n'a pas fait grand mal, puisqu'il n'a tué que des lièvres ou quelques perdrix, ce sera un voleur bientôt signalé à la vindicte publique.

» Mais, encore une fois, si on veut en arriver là, il ne faut pas que le braconnier soit seulement regardé comme faisant concurrence aux chasseurs munis de permis de chasse, il faut qu'il soit bien reconnu coupable de vol au détriment du propriétaire. Alors, autant il excite de sympathies dans les campagnes, autant il soulèvera de ressentiments.

» Après avoir pendant dix ans administré, en qualité de maire, une commune rurale, notre conviction profonde est que jamais la loi de 1844, alors même qu'il serait possible d'en faire une application rigoureuse, ne pourrait arrêter la destruction intéressée et systématique du gibier de nos champs, parce qu'elle a trop voulu réglementer l'exercice du droit de chasse, en le traitant comme un plaisir à la portée de quelques-uns, au lieu de lui reconnaître, avant tout, le double caractère d'une affaire publique par son but, qui intéresse tous les consommateurs, et une chose d'intérêt privé pour les propriétaires du sol.

» A quoi bon nous attacher maintenant à faire ressortir le mal existant et qui grandit tous les jours? Tout le monde le connaît, s'en plaint, le dénonce; mais ce n'est que crier au feu quand la maison brûle, sans aviser au moyen d'éteindre l'incendie.

» Nous venons d'émettre une idée qui, prise pour base d'une nouvelle réglementation, amènerait, nous le pensons, la répression prompte et certaine du braconnage, en dénaturant son caractère, ou plutôt en le mettant en évidence, en faisant de tous ceux qui l'exercent les ennemis de ceux-là mêmes qui les couvrent encore d'une coupable indifférence.

» Toutefois déjà nous dirons que, pour agir sûrement, il ne faut plus penser à consacrer dans nos campagnes des dispositions qui tendraient à rappeler les anciens privilèges.

» Si, en effet, nos paysans demeurent sourds aux suggestions qui les sollicitent vers des libertés dont ils ne comprennent pas encore le besoin, ils ont peut-être plus que les habitants des villes le sentiment instinctif de l'égalité; le méconnaître ou l'oublier serait pécher gravement, aujourd'hui surtout, par ignorance ou imprudence. »

*
* *

Quand nous disions ce qui précède, nous étions fort éloigné de supposer que cette idée que nous lancions en enfant perdu : *Le gibier, produit du sol, doit appartenir au propriétaire du sol sur lequel il se trouve*, ne soulèverait pas de vives réclamations. Nous nous attendions surtout aux objections que ne pouvaient manquer de faire valoir les défenseurs du droit romain, puisque nous battions en brèche un de ses principes pour lui en substituer un autre qui serait sa négation; puisque, sortant de l'immobilité séculaire, nous voulions marcher sur un terrain renouvelé, et modifier l'ordre moral qui le régit, comme il l'a été dans l'ordre physique pour la succession des temps.

L'opposition s'est peu fait attendre...

Bientôt sont arrivées les protestations ; mais lorsque nous redoutions des arguments sérieux, concluants, nous n'avons eu affaire qu'à des vétilleries, des plaisanteries, les unes portant à faux, les autres tout aussi applicables à la législation en vigueur qu'aux idées nouvelles dont nous voudrions voir la réalisation.

Dès-lors pour nous a grandi la conviction que nous tendions vers la vérité méconnue par la routine, les préjugés, et en dépit du ton dédaigneusement sentencieux que prennent certains de nos adversaires pour nous dire :

Vos idées ne méritent pas l'honneur d'une discussion, nous répétons :

A la place du vieux principe : Le gibier est *res nullius, res communes*, il faut substituer le principe nouveau : *Le gibier, produit du sol, appartient toujours au propriétaire du sol sur lequel il se trouve.*

Maintenant, afin de motiver notre orgueilleuse prétention de vouloir toucher au droit romain, voyons quels sont les inconvénients qui découlent journellement et, hélas ! trop naturellement de son observation dans l'*espèce*. Puis, avec l'espérance de devancer l'avenir, nous chercherons à entrevoir les conséquences probables de ce nouveau principe : Le gibier, produit du sol. . . . .

*
* *

Le gibier, de plus en plus diminué par le braconnage, est une précieuse ressource alimentaire qu'il importe non-seulement de conserver, mais d'accroître dans de rationnelles proportions : or, comment le droit romain le protége-t-il contre une destruction exagérée? En faisant naître à l'esprit de chacun le désir immodéré de s'en emparer, en disant à tous :

« Ce lièvre, cette perdrix sont choses n'appartenant à personne, et qui seront légalement vôtres si vous réussissez à mettre la main dessus. »

La jurisprudence vient bien, il est vrai, avec ses restrictions, ajouter :

» Mais, avez-vous le droit de fouler aux pieds cette terre? le procédé dont vous allez user pour tuer ce lièvre, cette perdrix, est-il autorisé? le temps est-il opportun? »

A la première de ces questions, le braconnier, qui débute, ayant encore quelques scrupules, répond :

« Quel mal ferai-je sur cette terre dépouillée de sa récolte? Tant qu'au moyen que j'emploie..... ma foi! c'est le moyen le plus sûr, le plus expéditif pour arriver à prendre possession de ce que la loi me donne, si le premier je m'en empare ; » et poussé par la perspective du gain qui résultera de sa capture, le braconnier va de l'avant.....

A-t-il tort? oui, oui, mille fois oui; il a tort, il est coupable; il a d'autant plus tort, qu'il se lance dans une voie ou inévitablement la contravention peût mener au délit, et le délit au crime; mais nous soutenons que la loi a péché au moins par imprudence, en lui disant: ce lièvre, cette perdrix, *res communes*, appartiendront au premier qui les prendra; oui, notre avis est que ce principe du droit romain: le gibier est *res nullius* a dû enfanter le braconnage; suffira-t-il de le changer pour faire disparaître le fléau? il y aurait folie à espérer de suite un si heureux résultat; mais au moins dans l'intérêt de l'avenir et de la morale publique on aura fait un grand pas.

Sans doute, ceux-là mêmes qui les premiers posèrent cette maxime lorsque la propriété territoriale privée était l'exception; quand existaient partout d'immenses espaces couverts de landes désertes, de marécages, de forêts où pullulaient les animaux sauvages, et où chacun devait pouvoir exercer librement contre eux les droits que donnent la force et l'adresse; sans doute, disons-nous, ces législateurs souriraient de pitié en nous voyant maintenir encore l'application d'un principe par eux proclamé dans de toutes autres circonstances; aujourd'hui, que pas une parcelle n'est terrain vague, qu'il n'est pas un pied de terre qui n'ait son maître.

On nous répétera, peut-être, puisqu'on l'a déjà dit: — Mais, les récoltes pendantes, les fruits de nos vergers, les raisins de nos vignes, les gerbes de nos champs, que la loi reconnaît bien et dûment notre propriété, ne sont pas pour cela à l'abri des voleurs.....

Cet argument n'est pas sérieux, et porte à faux; car

c'est précisément parce que dans nos champs, comme à la ville, la propriété n'est pas toujours respectée, comme elle devrait l'être, qu'il y a nécessité à ce que la loi n'offre pas une prime d'encouragement en disant d'une chose qu'il importe de protéger : — ceci n'est à personne, et sera à toi si tu le prends.

Il ne saurait donc être douteux que la maxime qui pose le gibier *res communes* encourage sa destruction en mettant cette chose à la portée de tous, en affirmant que le droit appartient à tous de s'en emparer.

Mais en voulant maintenir ce droit, la jurisprudence s'est trouvée dans l'obligation de faire son possible afin de sauvegarder un autre droit autrement sacré aujourd'hui, celui de la propriété, et aussitôt ont surgi l'inconséquenceet les atteintes sans cesse portées aux droits du propriétaire, lesquels devraient toujours être inviolables, sauf les cas ou prévaut l'utilité publique.

Quelle flagrante contradiction! en effet; un exemple la fera mieux ressortir :

Passant sur un chemin, je vois à vingt pas un lièvre au gîte; je puis le prendre, il n'est à personne, j'ai un permis de chasse, un fusil, et le moment est venu de me servir de l'un et de l'autre; reste pourtant une difficulté: le champ où est le lièvre est à vous qui m'avez formellement interdit l'accès de vos terres. Que faire-donc ?

Sacrifier le droit que me confère la maxime: le gibier appartient *primo occupanti*? Oublier en partie le droit découlant de mon permis de chasse, et tout cela par déférence à votre volonté de propriétaire, quand il ne s'agit que de marcher une minute dans un champ en friche qui ne gardera même pas l'empreinte de la semelle de mes souliers.

Allons donc ! ce serait duperie; à votre droit j'oppose le mien et..... je tue le lièvre que je vais ramasser chez vous en dépit de votre défense ; puis quand il est bien mort dans le filet de mon carnier ; alors, il est légalement à tout jamais devenu ma chose, quoique pour m'en emparer j'aie violé votre droit de propriétaire.

Chacun nous rendra la justice de reconnaître que nous avons posé l'exemple qui précède dans les termes les plus modérés, en entourant le fait des circonstances les plusatténuantes, mais én est il moins répréhensible? Pourtant nous avons mis en scène un chasseur comme il en est trop..... J'allais dire comme nous le sommes tous.... Ah ! que deviendrait ce droit du propriétaire si nous suivions le braconnier?.....

Ici, on nous permettra encore de répéter ce que nous disions dans le *Journal des Chasseurs*, à la date du 30 septembre 1866 :

« A l'abri de la loi actuelle, le propriétaire dont la surveillance aura été trompée, et qui aura vu ses terres dépeuplées par le braconnage, est-il encouragé au repeuplement par l'élevage ou l'achat de reproducteurs ?

« Non, non, mille fois non ; loin de là.

« En vertu du principe, l'arche sainte de nos contradicteurs, le gibier *res nullius*, ces perdreaux, ces faisans élevés à grands frais dans des parquets, ces lièvres, ces chevreuils chèrement payés ; tout ce qui, représentant peines et argent, était bien votre chose, votre propriété quand vous le teniez sous la main, sans l'aide de votre fusil, dès que vous les aurez lâchés sur vos terres, où, sacrifiant un peu l'utile au plaisir, vous leur aurez ménagé la nourriture et l'abri, tout cela, perdrix, faisans, lièvres, chevreuils, sera devenu, de par le droit romain, *res communes*, et vous n'aurez aucune revendication à exercer contre le braconnier votre voisin, qui, pour les tuer, n'aura commis aucun dégât dans vos taillis, ou vos chaumes. Et, vous ne voulez pas Messieurs les défenseurs des vieilles coutumes, que nous comprenions autrement que vous ce mot accepté aujourd'hui dans un sens si absolu, ce mot *la propriété*, auquel on ne devrait pouvoir opposer que ceux-ci; utilité publique.....

« Maintenant, si nous passons à un ordre d'idées autrement élevé, voyons si ce principe qui veut que le gibier soit partout et toujours *res nullius*, appartenant *primo accupanti*, froisse seulement des intérêts privés? Eh! bien non; il méconnaît encore les règles les plus élémentaires de la morale pour consacrer la brutalité du fait accompli; ainsi il vous reconnaît sur le gibier qui est dans mon champ des droits égaux aux miens; mais pour que vous exerciez ces droits, il vous faut, au préalable, fouler mon terrain dont je vous interdis l'accès; alors, seulement, *de la violation de mon droit de propriétaire surgira votre droit de chasseur.....*

« En soutenant qu'un principe qui appuie de la sorte le droit sur le délit, a fait son temps, on peut bien s'insurger contre la haute autorité des légistes romains; mais on n'insulte en rien au bons sens et à la morale; de plus, on a la conscience de sacrifier à des tendances aujourd'hui en harmonie avec nos idées et nos mœurs. »

Avant de passer outre, nous dirons donc aux législateurs :

Si vous voulez être conséquents avec vous mêmes, si vous voulez une fois pour toutes, mettre fin aux incessantes discussions que soulève l'application du vieux principe toujours en hostilité avec les droits de la propriété : tranchez dans le vif, et pour maintenir la maxime ; le gibier est *res nullius* et faire qu'elle ne soit pas lettre morte, déclarez franchement que les droits du propriétaire sont subordonnés à ceux du chasseur.

Dès lors plus d'équivoque, de tiraillements, et partant, bientôt la paix pour les possesseurs du sol, vu la disparition de la cause de leurs ennuis.

Mais, si au contraire, ceux à qui échoira la mission de toucher à la législation qui régit la chasse — admettant qu'on y touche — sont pénétrés de ces vérités :

D'abord, qu'il importe à la richesse publique que le gibier, loin de disparaître, se multiplie dans de sages proportions ; enfin, qu'au double point de vue moral et matériel, il importe que les droits de la propriété, aujourd'hui à la portée de tous, soient plus énergiquement affirmés et moins souvent violés ; oh ! alors, sans hésiter, et sans écouter les doléances des adorateurs fanatiques de tout ce que nous a légué le passé, ils effaceront de nos lois et de nos commentaires ces mots :

Le gibier est *res nullius* offert au premier occupant, et les remplaceront par ceux-ci :

Le gibier, produit du sol, appartient au propriétaire du sol.

Il ne nous semble convenable, à aucun titre, de chercher dans quelles formes une nouvelle jurisprudence aurait à appliquer le principe nouveau, et nous ne devons ici que tenter de faire entrevoir les résultats qui en découleraient.

*
* *

Du principe que nous voudrions voir en vigueur, surgiraient immédiatement pour l'habitant des campagnes un droit nouveau à exercer en toute sécurité; mais aussi un devoir à remplir, l'un ne pouvant guère se produire sans l'autre.

Le propriétaire du sol, en s'emparant du gibier qui lui appartiendrait, ne saurait alors être considéré comme faisant acte de chasse, il ne ferait qu'user d'un droit en obtenant de son fonds tous les revenus qu'il serait à même de produire; mais le profit qu'il retirerait de l'exploitation des animaux sauvages serait plus ou moins considérable, selon qu'il saurait avec plus ou moins d'intelligence, de soins, entretenir, et placer dans les meilleures conditions cette nouvelle source de revenus.

Nous entendons, à ces mots, les adversaires de nos

idées leur opposer à l'envi une foule d'objections parmi lesquelles les plus répétées seront sans doute celles-ci :

— Le paysan, s'occuper de la conservation du gibier, de son entretien, en jouir avec ménagements !! — Allons donc, mon cher monsieur, vous caressez une chimère, et nous serons heureux si on ne nous dit que cela.

Puis on ne manquera pas d'ajouter :

— Le paysan est essentiellement destructeur — à l'endroit du gibier, bien entendu — et il n'en laissera pas une seule pièce dans ses champs, s'il est assuré de l'impunité.

D'autres contradicteurs nous diront encore :

— Nous concédons à vos paysans la bonne volonté, mais nous leur dénions la possibilité d'en tirer parti. Comment voulez-vous que les propriétaires d'innombrables parcelles territoriales insignifiantes, éparses au loin, puissent élever et conserver le gibier chez eux?

Oui, c'est vrai, le paysan est actuellement l'ennemi déclaré, acharné du gibier; oui, il est vrai que la présence d'un malheureux lièvre fourvoyé dans les jardins du village en soulève les habitants qui courent sus avec autant et plus d'acharnement, que s'il s'agissait d'un chien enragé ; mais c'est précisément cet état de choses que nous voulons modifier en disant aux campagnards :

— Ce lièvre n'est plus à tout le monde, il est à vous

il est le produit de vos champs ; il représente trois ou quatre francs de plus dans votre bourse.

L'intérêt alors, si bien compris par l'homme des champs, le porterait à réaliser ce petit bénéfice ; mais en lui suggérant cette pensée bien naturelle : Chaque lièvre fourni par ma terre me représente un profit qu'il m'importe de voir se répéter ; pour cela, il faut favoriser la multiplication des lièvres. Et le paysan le fera, soyez-en certain, car il est homme de trop de bon sens pour éventrer la poule aux œufs d'or, si cette poule est sienne. Vous ne le voyez pas, en effet, porter au marché la cane qui couve ou la poule qui conduit ses poussins, parce qu'il sait le bénéfice que lui promet l'une ou l'autre, et qu'il se garderait bien de l'escompter, nul n'ayant plus que lui la patience d'attendre.

Que l'on ne vienne pas nous objecter que nous ne connaissons point ceux dont nous parlons ; nous avons vécu en contact avec eux pendant plus de vingt années ; que l'on ne nous dise pas : Eh bien ! ceux que vous connaissez font exception à la règle, car nous répondrions :

— Dans des conditions identiques, les mêmes causes produisent toujours les mêmes effets. Les rudes labeurs, l'isolement, l'ignorance, ont partout fait le paysan ce qu'il est moralement ; les manifestations de son caractère peuvent, nous en convenons, varier dans des milieux différents, mais le fond reste partout le même.

Nous ne saurions néanmoins nous dissimuler que ces hommes à qui nous voudrions voir concéder un droit nouveau se trouvent peu prédisposés à l'exercer avec modération, et force nous est d'avouer que nous craindrions nous-même que la réglementation ne fût remremplacée par la licence, si une période initiatrice, si une sage transition ne venait pas faire succéder, sans secousse violente, l'émancipation à la tutelle, la jouissance à la prohibition.

Notre parti pris de ne pas aborder ce qui peut avoir trait aux dispositions légales qui appliqueraient le nouveau principe, nous impose à cet égard une réserve absolue et nous empêche d'être ici plus explicite.

***

Il nous faut encore répondre à un autre argument mis en avant contre nos idées.

La bonne volonté admise, on nous dénie la possibilité. Avec ceux qui s'expriment ainsi, nous devons avouer que l'état actuel de la propriété territoriale en France semble s'opposer à la réalisation de nos désirs; mais le raisonnement et l'expérience venant à notre secours, nous soutenons que si le morcellement du sol crée une difficulté, elle n'est pas insurmontable, grâce à l'association, et quand cette force prodigieuse, naguère inconnue, enfante tous les jours des merveilles dans nos villes, pourquoi ne pas tenter de la faire intervenir en faveur de nos campagnes?

Que l'on y songe : il ne s'agirait pas ici, comme on le fait en achetant au prix de cinq cents francs une action d'entreprise industrielle ou commerciale, d'aliéner, en vue de bénéfices éventuels, une portion de fortune acquise, ce qui répugnerait aux paysans peu confiants.

Toujours maîtres absolus de leurs biens, libres de s'en ménager les revenus à leur volonté, il leur faudrait simplement s'entendre entre voisins pour se constituer un nouveau capital, dont chacun tirerait bénéfice en raison de son apport à la communauté, soit en récoltant lui-même, soit en affermant son droit.

Mais ne pouvons-nous pas encore répondre à l'objection qui nous occupe : De ce que l'état de morcellement de la propriété territoriale s'oppose en général à ce que ceux qui la détiennent puissent se livrer à l'entretien du gibier, est-il juste que ceux qui possèdent des terres agglomérées, ne soient pas mis en position d'en tirer tous les avantages possibles?

Est-il juste que la loi leur dise : Vous avez fait venir à grand frais des lièvres, des chevreuils, des faisans, des perdrix pour peupler votre propriété, tout ce gibier que vous tenez en ce moment dans des paniers, est bien à vous ; mais aussitôt lâché sur vos terres, où vous lui avez ménagé la nourriture et l'abri, alors il sera *res nullius*, et appartiendra au premier qui s'en emparera.

Là est l'erreur, selon nous ; là est le vrai motif qui s'oppose à la conservation et à la multiplication du gibier dans nos campagnes ; si au contraire, la loi le proclamait produit du sol appartenant au sol ; aussitôt surgirait, pour ceux qui voudraient en posséder et l'entretenir, la nécessité de lui offrir des conditions favorables très-compatibles avec les exigences de l'agriculture.

***

Malgré le peu de protection efficace dont la loi les couvre, quelques grands propriétaires peuvent pourtant conserver de giboyeuses réserves, mais au prix de dépenses tellement considérables que les jouissances qu'ils se ménagent ne sont accessibles qu'à un bien petit nombre. Personne mieux qu'eux n'est certainement à même d'apprécier la profonde vérité que couvre cette parole d'un homme d'esprit. — Grattez le chasseur, vous trouverez le braconnier. — Mais nous pensons que si on pouvait dire : braconnier et voleur ne font qu'un, on verrait promptement diminuer le nombre des déprédateurs de nos champs. Les uns reculant devant la sévère et juste répression du vol; les autres, cherchant en vain dans leur conscience des circonstances atténuantes du délit.

Beaúcoup trouvent monstrueux à cette heure d'assimiler au voleur le braconnier, et dans nos campagnes une regrettable indifférence, qui va trop souvent jusqu'à la protection, couvre ses actes coupables; on ne saurait cependant s'en étonner, puisque ceux que vous poursuivez ne se sont, après tout, emparé que de ce qui n'appartenait à personne. Mais que demain l'objet de leurs rapines soit reconnu avoir un maître, être la chose de quelqu'un, et vous verrez ce maître, ce quelqu'un, représenté par des millions de possesseurs du sol, se lever au nom de l'intérêt privé froissé, de la morale publique méconnue; car, pas plus aux champs qu'à la ville les masses ne protégent les voleurs.

*
* *

Avant de terminer, il nous faut un peu nous arrêter, et examiner quelles raisons invoquent les savants légistes qui déclarent que les animaux sauvages — *in laxitate naturali* — doivent toujours appartenir *primo occupanti*. Afin de conserver toutes les déférences que nous devons à leur érudition, nous serons brefs; toutefois, nous ne saurions leur concéder le monopole de la raison et du bon sens.

Vous voulez, nous disent-ils, que la loi accuse le droit du propriétaire sur le gibier, mais un droit ne se comprend qu'autant qu'il est facile de l'exercer.

Eh bien ! messieurs, c'est cette possibilité que nous

réclamons au nom des propriétaires du sol. Ils ont déjà, vous en conviendrez avec nous, un droit que vous n'avez pas, s'ils vous le refusent, celui de fouler la terre où reposent le lièvre et la perdrix, et autant que vous, ils peuvent user des moyens dont vous allez vous servir pour vous en emparer; leurs chiens arrêtent aussi bien que les vôtres le lièvre et la perdrix; leurs fusils portent aussi justes que ceux dont vos mains sont armées; mais pour entrer en possession, ils ont sur vous l'avantage de ne pas sortir du droit primordial consacrant l'inviolabilité de la propriété; ils sont chez eux : pourquoi ce qui s'y trouve ne serait-il pas à eux?

*
* *

Si nous ne réfutons pas encore certains arguments relatifs aux difficultés, qui, soi-disant, naîtraient dans la pratique de l'application de notre principe : *Le gibier, produit du sol, appartient au sol*, c'est qu'ils n'offrent rien de fondé, et que tout ce qui nous a été objecté à cet égard peut être facilement retourné contre les dispositions législatives régissant actuellement la matière.

Notre seule pensée aujourd'hui, en commentant quelques articles trop concis et livrés avec hâte aux journaux spéciaux, a été d'offrir un moyen de réconcilier l'habitant de nos campagnes avec le chasseur, à qui souvent il déléguerait ses droits ; de favoriser la conservation et la multiplication du gibier dans nos champs, en intéressant à sa présence ceux qui les possèdent ; et enfin, de sauvegarder la propriété en plaçant bien haut son inviolabilité.

Qu'on ne l'oublie pas, en effet, lorsque nous voyons malheureusement s'effacer les traditions morales que vénéraient nos pères, parce qu'ils les regardaient, avec raison, comme une garantie de l'ordre social ; peut-être est-il réservé à la propriété, non de les remplacer, — nous ne sommes pas assez matérialistes pour le croire, — mais de leur restituer en partie leur salutaire influence.

FIN

Paris. — Imp. Turfin et Ad. Juvet, 9, cour des Miracles.

EN VENTE A LA MÊME LIBRAIRIE

Les Braconniers du nouveau monde, par Henry Gaillard, 1 vol. grand in-18 jésus.. 3 fr.

Mes Chasses dans les deux mondes, par Henry Gaillard, 1 vol. grand in-18 jésus.. 3 fr.

Voyage autour d'une volière, études sur l'élève et la reproduction des oiseaux, par A. Lacombe, 1 vol. grand in-18 jésus, accompagné de 5 eaux-fortes.. 3 fr.

Campagnes et stations sur les côtes de l'Amérique du Nord, par E. du Hailly, 1 vol. grand in-18 jésus.................. 3 fr.

Les Révolutions du Mexique, par Gabriel Ferry, 1 vol. grand in-18 jésus, précédé d'une préface par George Sand...... 3 fr.

Bivouacs de Véra-Cruz à Mexico, par un zouave, 1 vol. grand in-18 jésus, accompagné d'une carte.................. 3 fr.

Les Chasses sauvages de l'Inde, par Germain de Lagny, 1 vol. grand in-18 jésus.. 3 fr.

Journal humoristique du Siége de Sébastopol, par un artilleur, 2 forts volumes grand in-18 jésus, accompagnés d'une Carte des opérations.. 7 fr.

La veuve de Sologne; — Histoire d'un couteau de chasse, par le vicomte Ponson du Terrail, 1 vol. grand in-18 jésus... 3 fr.

Marie-Amélie de Bourbon, étude historique et biographique, 1 vol. in-18 de grand jésus, accompagné d'un portrait gravé et de neuf autographes de Louis-Philippe, — Marie-Amélie, — Léopold II et le duc de Nemours, enfants; — la duchesse d'Orléans, — la duchesse de Nemours, — la princesse Marie.............. 3 fr.

Les Français de la décadence, par Henri Rochefort, 1 volume grand in-18 jésus (6e édition)........................ 3 fr.

La grande Bohême, par Henri Rochefort, 1 volume grand in-18 jésus (5e édition).. 3 fr.

Les Signes du Temps, par Henri Rochefort, 1 vol. grand in 18 jésus (2e édition).. 3 fr.

Mes 43 premières Lanternes, par Henri Rochefort, 1 vol. grand in-18 jésus.. 3 fr.

Rochefort devant les Tribunaux, compte-rendu complet des procès d'Henri Rochefort, 1 vol. in-8°.................. 1 fr.

Rochefort député, 1 brochure in-12.................. 40 c.

Almanach de la Lanterne, pour 1869, par Henri Rochefort, 1 vol. in-16.. 60 c.

Almanach amusant, pour 1869, illustré (3e année).... 50 c.

Almanach des Cocottes, pour 1869, illustré (3e année). 50 c.

Paris. — Imp. Turdu et Ad. Juvet, 9, cour des Miracles.

www.ingramcontent.com/pod-product-compliance
Ingram Content Group UK Ltd.
Pitfield, Milton Keynes, MK11 3LW, UK
UKHW020359250726
13967UKWH00005B/2375